M. Baranitharan
G. Rajaselvi
J. Paramanandham

Ciências do Ambiente

M. Baranitharan
G. Rajaselvi
J. Paramanandham

Ciências do Ambiente

ScienciaScripts

Imprint
Any brand names and product names mentioned in this book are subject to trademark, brand or patent protection and are trademarks or registered trademarks of their respective holders. The use of brand names, product names, common names, trade names, product descriptions etc. even without a particular marking in this work is in no way to be construed to mean that such names may be regarded as unrestricted in respect of trademark and brand protection legislation and could thus be used by anyone.

Cover image: www.ingimage.com

This book is a translation from the original published under ISBN 978-620-7-65274-7.

Publisher:
Sciencia Scripts
is a trademark of
Dodo Books Indian Ocean Ltd. and OmniScriptum S.R.L publishing group

120 High Road, East Finchley, London, N2 9ED, United Kingdom
Str. Armeneasca 28/1, office 1, Chisinau MD-2012, Republic of Moldova, Europe
Printed at: see last page
ISBN: 978-620-7-77192-9

RESUMO

Um ambiente é geralmente definido como o meio ou as condições em que uma pessoa, animal ou planta sobrevive ou funciona. A partir daqui, deve ser relativamente fácil compreender a sua importância no famoso ciclo da vida. O nosso ambiente está em constante mudança e, à medida que o nosso ambiente muda, também muda a necessidade de nos tornarmos cada vez mais conscientes das questões ambientais que estão a causar essas mudanças. Com um aumento maciço de catástrofes naturais, períodos de aquecimento e arrefecimento e diferentes tipos de padrões climáticos, as pessoas têm de ser muito mais cautelosas na forma como conduzem as suas vidas, em conjugação com os tipos de problemas ambientais que o nosso planeta enfrenta. Escrevemos a primeira parte deste livro sobre as ciências naturais e a vulnerabilidade. Além disso, o que este livro diz explica claramente a relação entre a natureza e o ser vivo. Já publicámos 5 livros em nome da ciência. Este livro será útil tanto para os amantes da natureza como para as pessoas.

Dr. M. Baranitharan, M.Sc., Ph.D., em entomologia, está a trabalhar como Professor Assistente no Departamento de Zoologia, Universidade de São José, Distrito de Chumoukedia, Nagaland na Índia. Trabalhou como Junior Research Fellow (JRF) e Senior Research Fellow (SRF) em várias agências de financiamento da investigação. Os seus esforços de investigação deram origem a 62 publicações científicas. A maioria dos seus artigos de investigação foi publicada em revistas de renome com elevados factores de impacto. Até à data, orientei com êxito 7  candidatos ao mestrado na Faculdade de Ciências de Silapathar. Publicou 5 livros e 2 capítulos de livros no domínio da Entomologia em publicações nacionais e internacionais de renome. Atualmente, é membro editorial e revisor de revistas internacionais. Recebeu 7 prémios, tais como o International Eminent Science Award; Eminent Scientist; Young Scientist; Outstanding Scientist Award; Best Research Paper Award).

O Dr. G. Rajaselvi trabalha como Professor Assistente de Zoologia no MRK Arts and Science College, Pazhanchana nallur, Tamil Nadu, Índia, e atualmente dedica-se a trabalhos de investigação especializados em Entomologia, Toxicologia, Nanotecnologia com especial referência a plantas medicinais. Publicou 5 artigos e 2 livros. Tem estado envolvida no ensino e na investigação na área da Biotecnologia Ambiental, Microbiologia e Biotecnologia Vegetal. Participou em 10 workshops e conferências a nível nacional e internacional. 

O Dr. J. Paramanandham trabalha como Professor Assistente de Zoologia e Biologia da Vida Selvagem no A.V.C. College (Autónomo), Mayiladuthurai. Tem uma vasta experiência em gestão de resíduos sólidos, entomologia, conservação da vida selvagem e conhecimentos ecológicos indígenas sobre plantas e animais. Publicou 50 artigos internacionais, 2 livros e 3 capítulos de livros. As suas funções incluem ser membro do conselho editorial e revisor de revistas de renome a nível mundial. Além disso, participou ativamente e fez apresentações  em vários simpósios nacionais e internacionais, o que lhe confere as devidas credenciais para as suas capacidades de investigação e ensino.

AGRADECIMENTOS

Gostaríamos de estender os nossos agradecimentos ao **Chanceler Fundador, P. Arulraj**, e à Direção da Universidade de S. José, Dimapur, Nagaland, Índia, e ao **Dr. K. Elumalai,** M.Sc., M.Phil., Ph.D., Professor Assistente, Departamento de Zoologia Avançada e Biotecnologia, Government Arts College for men (Autónomo), Chennai, Índia.

ÍNDICE

CAPÍTULO - I

1. Introdução

O termo francês "Environ", que significa "envolvente", está na origem da palavra inglesa "environment". Elementos abióticos como a luz, o ar, a água, o solo e as bactérias coexistem com elementos bióticos como os seres humanos, as plantas, os animais e os micróbios. O ambiente, que engloba tanto os seres humanos como outros seres vivos, é uma teia complicada de elementos inter-relacionados.

O ambiente é constituído pela água, pelo ar e pela terra, bem como pelas relações que existem entre eles, os seres humanos e outros seres vivos, como os microrganismos, as plantas e os animais. Segundo a autora, o ambiente é um sistema integral constituído por componentes sociais, culturais, biológicos, químicos e físicos que estão ligados individual e coletivamente de várias formas (Figura 1). A atmosfera, a hidrosfera, a litosfera e a biosfera são os quatro sistemas interligados que constituem o ambiente natural. Estes quatro sistemas estão sempre a mudar e a atividade humana tem um impacto sobre essas mudanças, bem como o inverso.

1.1. Componentes do ambiente

1.1.1. O ambiente foi classificado em quatro componentes principais:

1. Hidrosfera

2. Litosfera

3. Atmosfera

4. Biosfera

A hidrosfera inclui todas as massas de água, tais como lagos, lagoas, rios, ribeiros e oceanos, etc. A hidrosfera funciona de forma cíclica, o que é designado por ciclo hidrológico ou ciclo da água. A litosfera é o manto de rochas que constitui a crosta terrestre. A Terra é um planeta sólido esférico e frio do sistema solar, que gira no seu eixo e gira em torno do Sol a uma certa distância constante.

A litosfera está dividida em três camadas: crosta, manto e núcleo (exterior e interior). Atmosfera A cobertura de ar que envolve a Terra é conhecida como atmosfera.

A atmosfera é uma camada fina que contém gases como o oxigénio, o dióxido de carbono, etc. e que protege a terra firme e os seres humanos das radiações nocivas do sol. Existem cinco camadas concêntricas na atmosfera, que podem ser diferenciadas com base na temperatura e cada camada tem as suas próprias características. Estas camadas incluem a troposfera, a estratosfera, a mesosfera, a termosfera e a exosfera.

A biosfera, também conhecida como a camada da vida, refere-se a todos os organismos à superfície da Terra e à sua interação com a água e o ar. É constituída por plantas, animais e microrganismos, desde o mais ínfimo organismo microscópico até às maiores baleias do mar. A biologia preocupa-se com a forma como milhões de espécies de animais, plantas e outros organismos crescem, se alimentam, se deslocam, se reproduzem e evoluem durante longos períodos de tempo em diferentes ambientes. O seu objeto de estudo é útil para outras ciências e profissões que lidam com a vida, como a agricultura, a silvicultura e a medicina. A riqueza da biosfera depende de uma série de factores como a pluviosidade, a temperatura, a referência geográfica, etc. Para além dos factores ambientais físicos, o ambiente criado pelo homem inclui os grupos humanos, as infra-estruturas materiais construídas pelo homem, as relações de produção e os sistemas institucionais por ele concebidos. O ambiente social mostra a forma como as sociedades humanas se organizaram e como funcionam para satisfazer as suas necessidades.

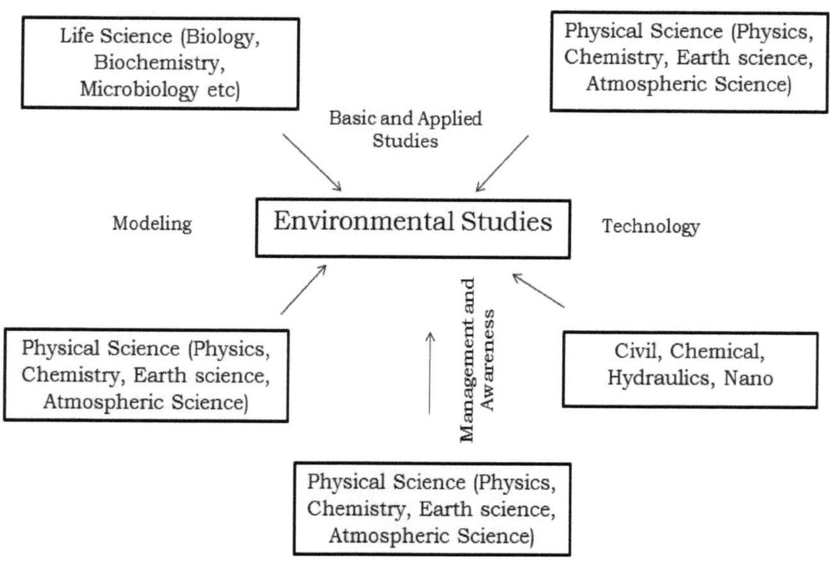

1.2. Perspectivas históricas

Desde a década de 1960, o ambiente tem ocupado uma posição significativa na agenda política. A Segunda Guerra Mundial assistiu ao crescimento da sociedade de consumo na América do Norte e na Europa, o que exerceu uma pressão alarmante sobre o ambiente. Uma população cada vez mais instruída e abastada manifestou preocupações ambientais e exigiu um ambiente mais limpo e mais saudável. [th] O movimento ambientalista que nasceu destas preocupações não estava particularmente fundamentado na história e via os problemas actuais como um resultado especial do avanço industrial e do capitalismo no século XX. Alguns, no entanto, entenderam que, para compreender as raízes da atual catástrofe ambiental, era necessária uma perspetiva histórica. Foi nesta altura que surgiu a história ambiental. Esta analisa a forma como as pessoas viam o ambiente natural circundante em várias épocas históricas. No entanto, a história ambiental é mais do que uma mera história intelectual; é sobre a forma como a natureza influenciou a história humana e como as pessoas afectaram o mundo natural. Por conseguinte, a última secção deste ensaio examinará a forma como a agricultura se desenvolveu e como afectou a paisagem.

1.3. História ambiental

O que significa o termo "história ambiental"? Os cientistas estão a adquirir a linguagem da história e das humanidades e os historiadores estão a estudar as ciências naturais? [th]Durante uma palestra em 1959, o famoso cientista e romancista C.P. Snow propôs que a divisão das artes e das ciências era a principal lacuna intelectual do final do século XX. Estas eram as "duas culturas", como ele dizia, e Snow argumentava que a combinação das humanidades e das ciências nos ajudaria a resolver os problemas. Utilizando os conceitos de Snow, um dos historiadores ambientais mais importantes da América do Norte, Donald Worster, demonstrou como a história ambiental, em particular, requer as competências de historiadores e cientistas em conjunto. Worster apresenta um argumento semelhante em The Wealth of Nature, afirmando que, desde que a história e as ciências científicas se separaram, os historiadores não são obrigados a estudar as ciências naturais. Enquanto os cientistas devem concentrar-se na natureza, os historiadores devem estudar os seres humanos, a sociedade e a cultura. Neste sentido, a natureza e a cultura estão separadas, resultando em dois universos distintos com descrições linguísticas díspares.

A ideia de que a cultura e a natureza são distintas uma da outra esconde a realidade de que a cultura é moldada pelo ambiente. No entanto, como a civilização também está a tentar exercer o seu impacto no mundo natural, não se trata de um caminho de sentido único. Na sua definição de história ambiental, Beinard e Coates incluem esta qualidade ambígua. "A história ambiental lida com os vários diálogos ao longo do tempo entre as pessoas e o resto da natureza, centrando-se nos impactos recíprocos." Precisamos de trabalhar para colmatar as lacunas entre a ciência e a história e entre a cultura e a natureza, a fim de compreender estes efeitos recíprocos. O objetivo da história ambiental é aproximar a ciência e a história. De acordo com Donald Worster, a história ambiental consiste no seguinte:

A relação entre ambiente e cultura abre um mundo de novos temas para os historiadores, tornando a história mais interdisciplinar do que nunca. Começa a utilizar as ciências naturais para além de outras ciências humanas e sociais. De facto, a história do ambiente introduz uma multiplicidade de novas "personagens" no palco histórico. Ciências como a geologia, a geofísica, a biologia, a ecologia e a demografia estão entre elas. Esta lista não é de modo algum exaustiva. No entanto, um historiador deve possuir formação não só em história e ciências sociais, mas também em ciências naturais, a fim de se envolver efetivamente com noções de outras áreas. É uma tarefa difícil dominar todas estas diferentes especializações e pode ser necessária uma nova formação académica para desenvolver um generalista.

No entanto, alargar as perspectivas não é apenas para os historiadores. Os cientistas têm de ter em conta a história humana na sua investigação e parece que estão a começar a examinar os processos históricos. Isto não quer dizer que o tempo não tenha tido um papel nos seus estudos, uma vez que os cientistas sabem, desde Darwin, que o mundo natural - incluindo a Terra como um todo - é o resultado de um processo histórico prolongado. Mas excluíram desses processos a influência da cultura humana. Apesar de ser uma adição relativamente recente à história do planeta, as pessoas têm tido um impacto significativo sobre ele há pelo menos dois milhões de anos. Este facto implica que uma parte do que consideramos ser a natureza é resultado da história humana. A forma como os caçadores primitivos utilizavam o fogo é um excelente exemplo. Sabemos agora que os nativos americanos queimaram intencionalmente as pastagens durante milhares de anos, criando as pradarias da América do Norte. Nos séculos XVIII e XIX, os imigrantes europeus descobriram uma ecologia distinta criada por este tipo de gestão. Estes factores tornam imperativo que os cientistas considerem cuidadosamente os efeitos da atividade humana, especialmente nos últimos 300 anos, quando a influência humana se expandiu e aprofundou para além dos limites anteriores.

CAPÍTULO - II

2. Os maiores desafios ambientais

2.1. Garantir um futuro com baixas emissões de carbono

Cerca de três quartos das emissões mundiais que contribuem para as alterações climáticas provêm dos combustíveis fósseis. Temos de promover melhorias na política energética que acelerem a nossa transição para um futuro de energia limpa - evitando simultaneamente os efeitos da expansão energética - a fim de manter o aquecimento global a menos de 2 graus Celsius. A adoção global de soluções energéticas sustentáveis dependerá da manutenção da dinâmica dos compromissos corajosos de redução das emissões de gases com efeito de estufa, como o Acordo de Paris. Além disso, será crucial inovar no sentido de um futuro com baixas emissões de carbono, de forma a promover a produção sustentável de eletricidade e a proteção da biodiversidade, como continuam a fazer países com emissões elevadas como os EUA, a China, o Brasil, a Indonésia e o México.

2.2. Maximizar o papel da natureza como solução climática

O mundo natural é a chave para enfrentar as alterações climáticas. A nossa melhor hipótese de evitar um aquecimento catastrófico é investir mais em soluções baseadas na natureza, como a reflorestação, a prevenção da perda de florestas, a melhoria da saúde dos solos e a recuperação dos ecossistemas costeiros. As tecnologias de energia limpa e a regulamentação da poluição são importantes, mas não podem ser suficientemente rápidas por si só. As soluções enraizadas na natureza são facilmente acessíveis, podem ser implementadas imediatamente e têm o potencial de representar cerca de um terço das reduções de emissões de carbono necessárias até 2030. Para além de reduzirem as emissões de carbono, estas soluções também beneficiam as pessoas e o ambiente de outras formas importantes. Por exemplo, aumentam a produção de alimentos, tornam a água potável mais segura, melhoram a proteção das comunidades contra tempestades e inundações e proporcionam um refúgio para algumas das espécies mais ameaçadas do planeta.

2.3. Melhorar a gestão das pescas a nível mundial

A pesca global é um sector de 130 mil milhões de dólares que fornece alimentos a todos. No entanto, 30% das unidades populacionais de peixes são objeto de sobrepesca, estão esgotadas ou em recuperação, enquanto os restantes 57% são totalmente explorados. O custo anual da sobrepesca e da má gestão para o mundo é de 50 mil milhões de dólares. Lamentavelmente, a maioria das nações não possui os conhecimentos e os recursos necessários para resolver estes problemas. A boa notícia é que existe uma enorme procura de produtos do mar sustentáveis por parte dos consumidores e que os pescadores estão ansiosos por preparar o caminho para um futuro mais sustentável. Para compreender melhor as unidades populacionais de peixes e as técnicas de gestão sustentável, as soluções devem ser desenvolvidas em estreita colaboração com os pescadores. Simultaneamente, os líderes mundiais da ciência das pescas, as empresas multinacionais e os árbitros dos rótulos de certificação devem ser consultados, a fim de se poderem desenvolver soluções para o mercado mundial de produtos do mar.

2.4. Alargamento das práticas agrícolas sustentáveis

Quase 40% da superfície livre de gelo da Terra já foi removida ou transformada pelo homem para uso agrícola. Além disso, a seguir aos combustíveis fósseis, a agricultura é o segundo maior produtor mundial de emissões de gases com efeito de estufa. Para garantir a sobrevivência da natureza e satisfazer a necessidade crescente de alimentos e água, será imperativo apoiar práticas agrícolas mais produtivas. Podemos criar modelos económicos inovadores que apoiem os objectivos sociais, de produção alimentar e ambientais, reunindo um leque diversificado de partes interessadas, incluindo empresas agro-industriais gigantes, agências governamentais, pequenos criadores de gado e agricultores e financiadores. As experiências de países como os Estados Unidos, o México, o Brasil e a Indonésia podem servir de modelo para a introdução de métodos agrícolas com baixo teor de carbono a um maior número de agricultores. Isto irá aumentar a produção alimentar e promover a expansão económica, ao mesmo tempo que diminui os efeitos negativos da agricultura nas nossas terras e mares.

2.5. Criar um futuro urbano verde

Dois terços da população do planeta residirão em cidades até 2050. Embora os seres humanos já tenham feito enormes investimentos nas estruturas, água, eletricidade e redes de transportes que mantêm as cidades vivas, a enorme procura de infra-estruturas urbanas adicionais necessárias para apoiar as cidades em expansão está a colocar uma pressão sobre os cofres públicos e os recursos naturais. As cidades podem tornar-se extremamente inabitáveis devido à combinação do montante investido em soluções ecológicas para problemas urbanos como a poluição atmosférica e o escoamento das águas pluviais é um método acessível para preservar a biodiversidade e, ao mesmo tempo, aumentar a produtividade, o bem-estar e a saúde dos habitantes das cidades.

CAPÍTULO - III

3. Conceito e princípio dos ecossistemas

3.1. Introdução

O ecologista britânico Sir Arthur G. Tansley foi o primeiro a sugerir o termo "ecossistema" (1935). No entanto, o estudo do ecossistema ou de uma componente do mesmo remonta ao século XVIII e tem sido conhecido por vários nomes, como geobioenocoesis ou "biocoenosis". O termo grego oikos, que significa envolvente, é a raiz da palavra inglesa eco. O sistema ecológico é constituído por uma rede de partes e actividades interligadas que dependem umas das outras para a circulação de recursos e energia. Na hierarquia ecológica, o ecossistema funciona como uma unidade principal autónoma e auto-reguladora. É uma unidade funcional com um input e um output dentro dos seus limites, que podem ser arbitrários ou naturais. Os seres vivos, ou componentes bióticos, e os componentes não vivos, ou abióticos, interagem intimamente num ecossistema. Nesta unidade, discutiremos os princípios e conceitos do ecossistema, bem como a estrutura, função e processo do ecossistema. Também analisaremos as pirâmides ecológicas, o fluxo de energia, a produtividade do ecossistema, o ciclo de materiais, as interacções ecológicas e a modelação ecológica.

3.2. Conceitos ecológicos

3.2.1. Conceito 1

Níveis de organização biológica (genes, populações, espécies, comunidades, ecossistemas, paisagens, regiões). Os padrões e processos ecológicos ocorrem a várias escalas nos seres vivos e são dinâmicos.

Os processos ecológicos que vão de centímetros e dias a centenas de quilómetros e milénios fazem parte da natureza inter-escalar dos ecossistemas, que tem um impacto na biodiversidade em geral. Por exemplo, numa floresta, estes processos podem variar em tamanho, desde os processos fisiológicos que afectam o ciclo de vida das folhas até à dinâmica competitiva entre espécies de plantas dentro de tufos ou clareiras que afectam as populações, processos de perturbação e predação que afectam a composição e organização de uma comunidade e processos climáticos que afectam regiões e paisagens. As escalas vizinhas mais finas/rápidas e mais grossas/lentas de cada uma destas escalas interagem entre si para produzir hierarquias e ciclos adaptativos conhecidos como panarquias.

3.2.2. Conceito 2

As espécies nativas são as que se desenvolveram naturalmente numa determinada área ou habitat, ou seja, as que não foram introduzidas pelo homem. Por exemplo, enquanto que o bulhead castanho e a scotch broom são espécies importadas que não são nativas da Colúmbia Britânica e se infiltraram em certos habitats locais, o salmão e o cedro são nativos da província. Ao longo do tempo, a co-evolução de plantas, animais, fungos e bactérias nativos criou uma complexa rede de inter-relações. Os ecossistemas naturais que suportam a variedade biológica são construídos sobre eles. No entanto, como a maior parte da província foi coberta por glaciares há vários milhares de anos, o terreno da Colúmbia Britânica é comparativamente jovem. A Colúmbia Britânica tem poucas espécies endémicas (ou seja, exclusivas da Colúmbia Britânica) devido à pequena escala evolutiva dos organismos.

Quando o homem remove uma barreira natural, como uma barreira que impede os peixes de atravessar um ambiente, ou transfere espécies não nativas, muitas vezes conhecidas como espécies exóticas, para esse ambiente. Para além de constituírem uma ameaça para os ecossistemas e as espécies nativas, as espécies exóticas invasoras podem também causar impacto económico ou ambiental. Uma vez que não são vulneráveis aos predadores naturais e às doenças que controlam as populações de espécies nativas, as espécies exóticas invasoras podem ser muito prejudiciais. O conteúdo, a estrutura e a função dos ecossistemas podem ser fundamentalmente alterados por algumas espécies exóticas invasoras. Por exemplo, a introdução do aguapé da Eurásia, que foi transportado principalmente por reboques de barcos, provocou o crescimento da planta nos ecossistemas de água doce da Colúmbia Britânica, entupindo as zonas de desova em cascalho utilizadas pelo salmão ao longo da costa e aumentando significativamente a libertação de fósforo nos lagos Okanagan.

3.2.3. Conceito 3

A forma como os castores alteram as características hidrológicas dos cursos de água e das zonas húmidas é um exemplo de como uma espécie, um ecossistema ou um processo fundamental tem um impacto desproporcionado num ecossistema ou numa paisagem.

> ➤ O impacto das espécies-chave nos ecossistemas biológicos é desproporcionado em relação à sua biomassa e abundância. Quando as espécies-chave desaparecem, há ramificações mais vastas para as comunidades ou ecossistemas. A predação, as ligações simbióticas, como as que existem entre as plantas e os polinizadores, ou a alteração dos ecossistemas (por exemplo, ninhos em cavidades, barragens de castores) são algumas das formas de interação das espécies-chave com outras espécies. Uma

vez que as espécies de salmão selvagem contribuem com azoto marinho para os ecossistemas de água doce e terrestres e são uma importante fonte de alimento para muitos outros animais, como os ursos pardos que transportam carcaças de salmão para a floresta, acrescentando azoto benéfico aos solos florestais onde este é escasso, são frequentemente consideradas espécies-chave importantes nas florestas tropicais temperadas costeiras da Colúmbia Britânica. A lontra-marinha ajuda as florestas de kelp a crescer, controlando a população de ouriços-do-mar, que, por sua vez, fornecem habitat para peixes e outras espécies de invertebrados. Muitas porções das florestas de kelp desapareceram quando a caça expulsou as lontras marinhas da costa da Colúmbia Britânica.

> Por servirem de habitat para uma quantidade significativa de componentes essenciais da biodiversidade de uma área, *os ecossistemas-chave* são vitais. Uma vez que suportam um número desproporcionadamente elevado de organismos, apesar de cobrirem uma área relativamente limitada, os habitats ribeirinhos em torno de cursos de água, lagos e zonas húmidas são considerados fundamentais. Devido à sua importância desproporcionada em termos de tamanho e abundância, os estuários são também considerados ecossistemas-chave.

> O processo-chave de um ecossistema é essencial para a sua manutenção. Por exemplo, no interior árido da Colúmbia Britânica, o fogo é essencial para a manutenção das florestas abertas de pinheiros ponderosa e dos prados. Outro processo importante é a polinização.

3.2.4. Conceito 4

Viabilidade/limiares das populações. Neste sentido, "viabilidade" refere-se à probabilidade de uma população ou espécie sobreviver face a processos ecológicos como a perturbação. Para além do habitat para populações específicas, a sobrevivência de uma espécie depende da manutenção de uma variedade genética saudável. As populações e as espécies diminuirão e acabarão por perecer quando a quantidade de habitat adequado diminuir abaixo do "limiar de extinção". As características do movimento, do comportamento e do ciclo de vida ao nível da espécie mostram que as reacções ao limiar diferem entre espécies e podem ser difíceis de identificar. Infelizmente, para menos de 0,01% das espécies da Colúmbia Britânica, não se conhece a informação demográfica necessária para avaliar a viabilidade. A extinção é natural nos ecossistemas naturais, mas a atividade humana acelerou o ritmo a que está a ocorrer atualmente.

A população isolada mais baixa com uma probabilidade realista de sobreviver ao longo do tempo, apesar dos impactos previsíveis de acontecimentos genéticos, ambientais e demográficos, bem como de perturbações naturais, é designada por população mínima viável. Consequentemente   , em populações mais pequenas, a sobrevivência individual e a reprodução são reduzidas, o que contribui para o declínio contínuo da população. Este efeito pode ser causado por uma variedade de factores, incluindo a consanguinidade ou a dificuldade de encontrar um parceiro à medida que a densidade populacional diminui.

3.2.5. Conceito 5

A capacidade de um ecossistema para recuperar de uma perturbação ou stress e atingir um estado estável é conhecida como resiliência ecológica. A resiliência ecológica é um conceito que se alinha com a ideia de que os ecossistemas são sistemas dinâmicos, complexos e adaptativos que raramente se encontram num estado de equilíbrio; a maioria dos sistemas tem a capacidade de existir em vários estados. Além disso, adaptam-se constantemente a um ambiente em mudança de formas imprevistas. Esta ideia quantifica a quantidade de tensão ou perturbação necessária para passar de um conjunto de estruturas e processos para outro conjunto de estruturas e funções, a fim de preservar um sistema. Um ecossistema que é resiliente é mais capaz de tolerar choques e recuperar sem se alterar drasticamente.

Se a resiliência que muitas vezes amortece a mudança tiver sido diminuída, a mudança do ecossistema pode ocorrer rapidamente. Quando as variáveis lentas se deterioram, tais mudanças tornam-se mais prováveis. A variedade de espécies e a sua abundância no ecossistema são exemplos de variáveis lentas, tal como a variabilidade espacial no ambiente provocada por elementos como o clima. O impacto humano está presente em todos estes aspectos.

A manutenção da resiliência ecológica requer tanto a variedade de respostas como a diversidade funcional. A diversidade funcional, que é definida como o número de grupos de espécies funcionalmente distintas, é composta por dois elementos: o efeito de uma função dentro de uma escala (referida como os "níveis de organização biológica" acima) e o agregado dessa influência através de escalas. A diversidade de respostas é a variedade de formas como as espécies que partilham um objetivo ecológico respondem às mudanças no seu ambiente. Oferece adaptabilidade face a sistemas complexos, à imprevisibilidade e à interferência humana.

A diversidade funcional, por exemplo, reúne espécies que absorvem água de diferentes profundidades, se desenvolvem a diferentes ritmos e armazenam quantidades variadas de carbono e nutrientes, aumentando a produtividade de uma comunidade vegetal em geral numa pastagem. Uma comunidade pode manter o seu nível atual de desempenho face a pressões e perturbações como a seca e o pastoreio graças à variedade de respostas.

3.2.6. Conceito 6

As perturbações são acontecimentos discretos e independentes que alteram o estado atual de um sistema ecológico. Estes acontecimentos podem ser causados pelo homem ou pela natureza. Há várias formas de caraterizar as perturbações, incluindo o tipo, a intensidade, a extensão espacial, a frequência e outras variáveis.

➢ Incêndios florestais, inundações, frescura, viragem do lago, secas, tempestades de vento e surtos de insectos e doenças são exemplos de perturbações naturais. Algumas "perturbações naturais" podem ser reacções às alterações climáticas provocadas pelo homem. O surto de escaravelho do pinheiro da montanha no interior da província serve atualmente de exemplo. Um ecossistema é tipicamente caracterizado por eventos extremos de perturbação natural que garantem a existência de certas espécies. Para preservar ou restaurar a riqueza de certos sistemas, como os ecossistemas ribeirinhos, a perturbação é essencial.

➢ O desenvolvimento de zonas rurais e urbanas, a construção de estradas e o corte de madeira são alguns exemplos de perturbações induzidas pelo homem nos ecossistemas terrestres. O represamento, a extração de água de rios e ribeiros, a drenagem de zonas húmidas e a poluição são exemplos de perturbações aquáticas provocadas pelo homem. Algumas destas perturbações causadas a longo prazo têm o potencial de transformar drasticamente os ecossistemas e mudar a forma como os gerimos. A redução da magnitude e intensidade dos incêndios florestais, por exemplo, pode limitar o espetro de perturbações nos ecossistemas e diminuir os danos que as chamas causam à propriedade e às florestas.

➢ Os componentes de um ecossistema anterior à perturbação que perduram para ajudar na sua recuperação são conhecidos como legados biológicos. Resultam estruturalmente do filtro seletivo do ecossistema imposto pelo processo de perturbação. Numa grande variedade de ecossistemas em estudo, os legados biológicos desempenham um papel crucial na dinâmica dos ecossistemas. Os peixes de grande porte nos sistemas de água doce e as árvores vivas e mortas em pé nas florestas são dois exemplos. Estes são frequentes no perímetro do incêndio e são essenciais para a formação de novas florestas e para a preservação da biodiversidade.

A expressão "gama de variabilidade natural" (VVN) refere-se à flutuação natural da composição e estrutura de um sistema ao longo do tempo, que é causada por uma série de perturbações. Na América do Norte, esta variabilidade tem sido historicamente calculada através da análise das modificações ocorridas nos séculos anteriores à chegada dos colonos europeus. Quanto maior for o período de tempo durante o qual a variabilidade é calculada, maior será a variabilidade incorporada. Ocorrências catastróficas raras são ocasionalmente deixadas de fora dos cálculos do VNR, apesar do facto de - como já foi mencionado - poderem ter um impacto significativo na caraterização e manutenção dos ecossistemas. Uma vez que os povos das Primeiras Nações fazem parte do ecossistema há centenas ou milhares de anos, as suas actividades tradicionais são frequentemente consideradas como pertencentes às Reservas Naturais (VNR).

As futuras taxas de VNR serão influenciadas pelas alterações climáticas, mas não serão o único fator. Os ecossistemas podem ser deslocados para fora da sua gama típica de condições pelo ritmo atual de rápidas alterações climáticas. Por este motivo, a avaliação do VNR histórico de uma região será cada vez menos exacta na previsão do VNR atual e futuro. Um método alternativo para estimar o VNR seria a utilização de modelos climáticos; no entanto, é preciso estar ciente de que isso provavelmente envolveria um desfasamento temporal, uma vez que as mudanças no VNR causam mudanças na estrutura e na composição de um ecossistema.

3.2.7. Conceito 7

O grau em que a estrutura do ecossistema ajuda ou dificulta a passagem das espécies através das manchas de recursos é conhecido como conetividade/fragmentação. A conetividade depende da escala e difere para cada espécie com base nas necessidades do habitat, na sensibilidade às perturbações e na suscetibilidade à mortalidade causada pelo homem. Graças à conetividade, as espécies individuais podem deslocar-se em reação a condições variáveis, como os ciclos sazonais, os incêndios florestais ou as alterações climáticas. A fragmentação é o resultado da perda de conetividade. Os tipos de paisagens diferem em termos de ligação natural e dos seus atributos. A atividade humana tem o potencial de influenciar negativamente a biodiversidade ao provocar a fragmentação e afetar as ligações.

Tanto a fragmentação como a conetividade desempenham um papel significativo nos processos e funções dos ecossistemas. Certas formas de habitat, incluindo falésias, pântanos e grutas, são naturalmente fragmentadas, enquanto outras, como os cursos de água e o habitat ribeirinho, são fundamentalmente lineares, e outras ainda encontram-se frequentemente em grandes blocos ou manchas. Lidar com habitats que existiam originalmente em regiões enormes, mas que foram reduzidos em tamanho e ocasionalmente isolados devido às actividades humanas, constitui um grande desafio de gestão. Reduzir a ligação "não natural" a habitats naturalmente isolados e fragmentados é outro problema, a fim de evitar que as espécies invasoras desalojem as espécies únicas que estes habitats suportam.

CAPÍTULO - IV

4. Conceitos de gestão de ecossistemas

4.1. Conceito 8

Abordagem de filtro grosso e fino. Existem graus distintos mas variados de agregação e associação entre as espécies e os processos que geram, de acordo com o Conceito 1 (níveis de organização biológica). As abordagens que utilizam filtros grosseiros e finos desenvolvem esta ideia. A expressão "filtro grosseiro" refere-se ao pressuposto de que a maioria das espécies será preservada se as comunidades naturais de uma determinada área forem preservadas. A gestão das paisagens através de uma rede de áreas protegidas e de técnicas de gestão da matriz circundante que visam reproduzir e preservar os processos biológicos naturais no interior do VNR é designada por abordagem de filtro grosseiro. O termo "filtro fino" refere-se à ideia metafórica de que algumas espécies, ecossistemas e características precisam de ser preservados através de esforços individualizados e frequentemente localizados (referidos como a "abordagem do filtro fino") porque ficam presos na malha do filtro grosso.

Um exemplo é uma espécie que suscita preocupação em termos de conservação e que depende de uma caraterística específica do habitat num ecossistema para sobreviver, quando essa caraterística não é normalmente conservada por uma abordagem de filtro grosseiro. Alguns ecologistas consideram a retenção de legados biológicos após perturbações, como árvores vivas e mortas e detritos lenhosos grosseiros em paisagens florestais, como uma abordagem de *"filtro médio"* que conserva a biodiversidade ao nível do povoamento (ou do sítio).

4.2. Conceito 9

O risco é um aspeto inerente à tomada de decisões. A complexidade e a imprevisibilidade dos conceitos 1, 4, 5 e 6 indicam que nunca podemos ter a certeza absoluta dos resultados de uma decisão de gestão. O risco é a possibilidade de sofrer perdas ou danos em resultado de um determinado curso de ação ou escolha. Ao avaliar o risco, são tidos em conta dois factores: (1) a possibilidade de um evento ocorrer; e (2) as repercussões no caso de ocorrer. Uma avaliação formal destas duas componentes é designada por avaliação do risco. O processo de seleção da "melhor" escolha através do equilíbrio entre os riscos estimados e os benefícios previstos é conhecido como gestão do risco. Por exemplo, existe uma correlação clara entre risco e incerteza, porque um maior grau de incerteza pode levar a uma maior sensação de perigo.

4.3. Conceito 10

Gestão adaptativa. A gestão adaptativa é um processo de aprendizagem sistemático que planeia e monitoriza explicitamente os resultados das decisões, a fim de aumentar a nossa capacidade de gerir melhor os recursos naturais em caso de incerteza. É uma resposta formal à existência de risco e incerteza. Podem ser utilizadas três estratégias para melhorar a tomada de decisões quando a informação é incompleta: (1) "tentativa e erro", em que as escolhas são feitas inicialmente com base nas "melhores suposições" e, posteriormente, são tomadas decisões a partir de um subconjunto que produz melhores resultados; (2) "adaptativa passiva", em que se presume que um modelo está correto; e (3) "adaptativa ativa", em que as escolhas sobre as políticas estão ligadas a vários modelos alternativos. Encontrar as melhores técnicas (ou pelo menos superiores) entre as que estão atualmente em uso pode ser conseguido com alguma eficácia se for utilizada uma gestão adaptativa passiva. Ao introduzir a incerteza num sistema dinâmico, a gestão adaptativa ativa pode desempenhar um papel particularmente significativo no aumento das oportunidades de aprendizagem para gestores, cientistas, partes interessadas e cidadãos. As ideias de risco e incerteza estão estreitamente relacionadas com a gestão adaptativa, em que a aprendizagem é um subproduto crucial que ajuda os decisores a tomarem melhores decisões ao longo do tempo.

4.4. Conceito 11

Gestão baseada nos ecossistemas (EBM). A definição de MBE é "uma abordagem adaptativa da gestão das actividades humanas que procura assegurar a coexistência de comunidades humanas e de ecossistemas saudáveis e em pleno funcionamento". O objetivo é preservar as características espaciais e temporais dos ecossistemas, a fim de apoiar e melhorar o bem-estar humano, permitindo simultaneamente a continuação das espécies e dos processos ecológicos que os compõem. Por conseguinte, a EMB considera dois sistemas de valores contraditórios (valor para os seres humanos vs. valor ambiental inerente), para além de ser inevitavelmente baseada no local. Muitas definições de Medicina Baseada em Evidências (MBE) incorporam factores socioeconómicos e biológicos.

4.5. Conceito 12

Área protegida. Qualquer região que esteja protegida de alguma forma e que normalmente tenha uma pequena marca humana é considerada uma área protegida neste sentido. Isto englobaria todos os parques e áreas protegidas na Colômbia Britânica que foram reconhecidos pelos governos federal ou provincial, para além de vários locais que são geridos principalmente para a biodiversidade. Entre eles estão os campos de inverno de ungulados, zonas de reserva ribeirinha, áreas de gestão de crescimento antigo, regiões de habitat de vida selvagem e áreas nacionais de vida selvagem. Algumas terras privadas que tenham sido adquiridas ou acordadas também seriam elegíveis. A base de uma abordagem de conservação de filtro grosso são frequentemente as zonas protegidas. Estas podem, no entanto, desempenhar outras funções de conservação. As zonas protegidas funcionam como pontos de referência, ligações, funções de filtro fino (como a salvaguarda de uma população de uma espécie rara ou de uma forma de relevo digna de nota) e/ou oportunidades de investigação e educação.

CAPÍTULO - V

5. Princípios ecológicos

As ideias ecológicas informam os pressupostos fundamentais (ou crenças) sobre os ecossistemas e o seu funcionamento, que são conhecidos como princípios ecológicos. As ideias ecológicas são consideradas verdadeiras e utilizam estas descobertas para informar as aplicações humanas com o objetivo de conservar a biodiversidade.

5.1.Princípio 1

A proteção das espécies e das subdivisões de espécies permitirá conservar a diversidade genética. Os processos genéticos e evolutivos são, em última análise, os mais significativos a nível populacional, porque preservam a possibilidade de sobrevivência e adaptação das espécies a condições ambientais variáveis. Na maioria das vezes, é impraticável e difícil implementar a diversidade genética direta dentro das espécies - como subespécies e populações - é o indicador mais fiável para preservar a variabilidade genética. A manutenção de populações espalhadas pela área de distribuição natural de uma espécie ajudará a preservar a sua diversidade genética. Isto garante que as variantes genéticas adaptadas localmente persistirão. A manutenção de uma diversidade de indivíduos e espécies não só promove a diversidade futura (adaptação futura) como também permite a adaptabilidade necessária para manter a produção do ecossistema em condições de mudança. As alterações climáticas tornarão este aspeto especialmente crucial. Por exemplo, as populações da Colúmbia Britânica, no limite norte da sua área de distribuição, podem ter um potencial genético que será especialmente valioso para ajudar as espécies a adaptarem-se a novas condições. À luz das alterações climáticas, é especialmente crucial ter em conta as espécies que estão a colapsar para o limite (e não para o centro) da sua área de distribuição e as populações disjuntas (em que uma população local está isolada da área de distribuição contínua da espécie), a fim de preservar a diversidade genética e promover a adaptação.

5.2. Princípio 2

A manutenção do habitat é fundamental para a conservação das espécies. Um ecossistema que suporta as condições necessárias a uma espécie é designado por habitat. A nossa compreensão da ecologia de uma espécie e da forma como esta estabelece o local onde se sabe que uma espécie ocorre ou se prevê que venha a ocorrer constitui a base da nossa compreensão do habitat. Podem ser utilizadas várias escalas geográficas e temporais para definir o habitat, tais como micro-sítios individuais (como os habitados por determinados invertebrados, briófitos ou certos líquenes), habitats heterogéneos extensos ou a ocupação do habitat durante determinadas épocas do ano (como locais de reprodução, áreas de invernada). Por este motivo, a conservação dos habitats exige uma estratégia a várias escalas que tenha em conta os ecossistemas, as regiões, as paisagens e as componentes, características e estruturas essenciais dos habitats.

5.3. Princípio 3

As grandes áreas contêm normalmente mais espécies do que as áreas mais pequenas com um habitat semelhante. As grandes áreas incluem normalmente mais espécies do que as áreas mais pequenas com habitat idêntico porque podem manter populações maiores e mais viáveis, como demonstra a ideia de biogeografia insular. De acordo com esta noção, o tamanho e a distância de uma ilha em relação ao continente afectam o número de espécies que aí se podem encontrar. Estes factores teriam um impacto tanto na quantidade de imigração como no ritmo de extinção nas ilhas. Se todos os parâmetros forem iguais (como a proximidade do continente), as ilhas mais pequenas correm maior risco de extinção do que as maiores. Esta é uma das razões pelas quais é possível encontrar mais espécies nas ilhas maiores do que nas mais pequenas. Quando o princípio é aplicado de forma mais alargada, qualquer área de habitat rodeada por áreas que não são adequadas para as espécies que aí vivem pode ser considerada uma "ilha". Como resultado, um sistema de zonas de conservação da biodiversidade em grande escala pode sustentar populações mais robustas.

5.4. Princípio 4

Todas as coisas estão ligadas, mas a natureza e a força dessas ligações variam. Nas comunidades e nos ecossistemas, as espécies desempenham uma vasta gama de funções que as ligam a outras espécies de várias formas e em diferentes graus. É fundamental compreender as trocas vitais. As espécies-chave estão entre as espécies que têm um maior impacto nos ecossistemas do que outros tipos de espécies. Enquanto certas espécies e redes de espécies em interação têm uma influência significativa e abrangente nos ecossistemas, outras não têm.

Não só as interacções entre espécies diferem em intensidade, como também os seus modos de interação. Uma espécie pode funcionar como mutualista, sinergista, predadora ou presa. As espécies mutualistas, como os fungos que colonizam as raízes das plantas e facilitam a absorção dos recursos minerais do solo, oferecem associações mutuamente vantajosas umas às outras. Quando as espécies trabalham em conjunto, podem ter um efeito maior do que a soma dos efeitos individuais que poderiam ter produzido isoladamente.

O ponto crucial é que, de todos os encontros, é fundamental identificar quais são os mais fortes, uma vez que é aí que se deve concentrar a atenção.

5.5. Princípio 5

As perturbações moldam as características das populações, comunidades e ecossistemas. A dimensão, a estrutura e as ligações geográficas dos indivíduos, grupos e ecossistemas são moldadas pelo tipo, grau, frequência e duração das perturbações.

Devido ao seu impacto na dimensão, forma e dispersão das parcelas, as perturbações naturais têm sido cruciais na formação e manutenção dos ecossistemas naturais. A probabilidade de preservação das espécies nativas e dos processos biológicos aumenta com o grau em que as regiões, paisagens, ecossistemas e características do habitat local se assemelham aos que foram formados em resultado de perturbações naturais. Uma melhor compreensão da forma como os ecossistemas reagem às perturbações humanas e naturais pode reforçar esta estratégia, apresentando oportunidades para que o sistema se torne mais resistente. Por exemplo, os ecossistemas de pinheiro ponderosa foram moldados por incêndios de baixa frequência e alta intensidade, enquanto os ecossistemas de pinheiro lodgepole foram moldados por incêndios de baixa frequência e alta intensidade. Para manter estes ecossistemas, é necessário restaurar o fogo e/ou planear técnicas de gestão, como o abate, para diminuir as distinções entre uma paisagem gerida e um padrão formado por perturbações naturais.

As perturbações naturais podem provocar alterações significativas nos ecossistemas a nível do sítio; por conseguinte, pode ser mais vantajoso ter em conta a composição e a estrutura dos habitats a nível da paisagem. Em termos de ecossistemas terrestres, isto implica considerar

> Composição das espécies;

> A quantidade e a distribuição do tamanho das manchas;

> A variedade e a proporção das fases serais do habitat terrestre, desde as mais jovens às mais antigas; e

> A diversidade da estrutura da comunidade (por exemplo, uma variedade de quantidades de troncos e detritos lenhosos grosseiros nos povoamentos florestais).

É crucial compreender que, para certas espécies menos migratórias, a distribuição do habitat pode ter um impacto ainda maior do que a quantidade de habitat (ou seja, tamanho da mancha; conetividade).

5.6. Princípio 6

O clima influencia os ecossistemas terrestres, de água doce e marinhos. O registo completo da atmosfera de um local durante um longo período de tempo é designado por clima. O clima tem um impacto significativo na biodiversidade porque afecta numerosos processos físicos e ecológicos, incluindo a fotossíntese e o comportamento dos incêndios. Factores meteorológicos como a temperatura, a precipitação e o vento são todos influenciados pelo clima. Por exemplo, os fenómenos climáticos do El Nino podem causar variações consideráveis de temperatura nas águas do Oceano Pacífico, o que pode afetar os padrões meteorológicos e causar temperaturas invulgarmente quentes numa grande parte da Colúmbia Britânica. Isto, por sua vez, pode levar a um aumento de certas populações de animais selvagens ou afetar a época de migração de certas espécies de aves migratórias. A extinção de grandes populações de ostras autóctones na Colúmbia Britânica, durante a década de 1900, devido às temperaturas gélidas, é outra ilustração de como o clima afecta a vida. Do mesmo modo, os períodos de frio podem matar os peixes nos lagos.

Os ecossistemas são drasticamente alterados pelas rápidas alterações climáticas devido ao impacto crítico que o clima desempenha. Por exemplo, devido a invernos quentes consecutivos, as alterações climáticas podem ter facilitado a pandemia do escaravelho do pinheiro da montanha na Colúmbia Britânica e permitido surtos populacionais em certas espécies. As alterações climáticas afectam os peixes e as aves aquáticas, alterando o caudal dos cursos de água e o período de frescura. Por conseguinte, é imperativo perguntar de que forma as actuais acções de conservação devem ser influenciadas pelas alterações climáticas previstas, a fim de garantir a resiliência dos ecossistemas no futuro.

5.7. Aplicação de conceitos e princípios ecológicos

As aplicações que se seguem oferecem estratégias para pôr em prática conceitos e princípios ecológicos, a fim de preservar a biodiversidade. Uma única aplicação não é suficiente; o ideal é que todas as abordagens trabalhem em conjunto. As aplicações estão divididas em categorias com base na sua principal relevância para:

➤ Aplicações de filtros grossos e finos: técnicas para ajudar a conservar a biodiversidade; e

➤ Aplicações de planeamento: estratégias para apoiar a conservação da biodiversidade através da utilização de ferramentas de planeamento e de uma gestão adaptativa, que faça progredir os nossos conhecimentos sobre o que deve ser feito e como pode ser feito com mais êxito ao longo do tempo.

5.8. Aplicações

O único planeta do sistema solar onde a vida é suportada é a Terra. Isto deve-se ao facto de os seus três sistemas físicos - solo, água e ar - fornecerem os elementos necessários à vida. Apesar de todos os seres vivos serem únicos uns dos outros, todos dependem uns dos outros e estão envolvidos em interacções directas ou indirectas com o ambiente que os rodeia. Esta lição aborda as propriedades dos seres vivos, os seus níveis de organização e o próprio sistema de suporte de vida da Terra.

CAPÍTULO - VI

6. Ciclos ambientais

6.1. Introdução

O processo pelo qual os elementos necessários passam entre os componentes bióticos e abióticos do sistema, bem como vice-versa, é descrito pelos ciclos biogeoquímicos. O ciclo contínuo dos elementos é crucial para a sobrevivência de um ecossistema. Cada ciclo biogeoquímico tem duas partes: o reservatório de troca e o reservatório. O componente abiótico, que é frequentemente grande e se move lentamente, é o reservatório. Os componentes bióticos e abióticos trocam ativamente entre si, apesar da pequena dimensão do reservatório de troca. A componente abiótica é quando os ciclos elementares divergem do fluxo de energia. O ciclo elementar é extremamente conservador e os elementos químicos são retirados do pequeno reservatório e armazenados no sistema, enquanto o ciclo de fluxo de energia é alimentado pela radiação solar.

Os ciclos biogeoquímicos gasoso e sedimentar são as duas categorias em que se inserem. A crosta terrestre serve de reservatório para o ciclo sedimentar, enquanto a atmosfera continua a conter gases. O fósforo e o enxofre são classificados no ciclo sedimentar, enquanto o carbono, o azoto e o oxigénio fazem parte do ciclo biogeoquímico gasoso. Existem duas fases no ciclo sedimentar: a fase da água e a fase do solo/sedimento. Os elementos passam pelos componentes bióticos, são intemperizados e dissolvidos na fase aquosa, e depois regressam à fase sedimentar. Como a atmosfera serve de reservatório no ciclo gasoso, o movimento dentro dela é muito mais rápido do que no ciclo sedimentar. O ciclo é conhecido como ciclo biogeoquímico porque tem componentes geológicos, biológicos e químicos.

6.2. Tipos de ciclos biogeoquímicos

1. Ciclos gasosos: Os ciclos gasosos incluem o transporte de matéria através da atmosfera. Os ciclos gasosos são: Ciclo do carbono, ciclo do azoto e ciclo da água.
2. Ciclos sedimentares: Os ciclos sedimentares incluem o transporte de matéria através do solo para a água, ou seja, da litosfera para a hidrosfera. Os ciclos sedimentares são o ciclo do fósforo e o ciclo do enxofre.

Os pormenores completos de todos os ciclos biogeoquímicos são os seguintes:

Apesar do facto de a água cobrir 70% da superfície terrestre, existe um grave problema de água. Isto deve-se ao facto de 97,5 por cento de toda a água na Terra ser salgada. Noventa e nove por cento da água restante está retida em fontes subterrâneas e glaciares. Por conseguinte, na realidade, menos de 1% da água doce está acessível aos seres humanos sob a forma de rios, lagos, ribeiros, etc. Tenha em atenção que até o último homem na Terra pode ter as suas necessidades satisfeitas com menos de 1% de água disponível.

Mas se não forem tomadas as devidas precauções para a melhor gestão possível dos recursos hídricos, a existência humana estará em breve em perigo devido à invasão humana a todos os níveis. Por exemplo, o cenário do "dia zero" já está a afetar 12% da população indiana. Vamos examinar a história do ciclo da água através deste artigo, a fim de abordar a questão mundial da crise da água. Do ponto de vista do exame, este artigo contém todas as informações pertinentes que são necessárias.

6.3. Ciclos biogeoquímicos importantes

Ciclo do carbono

Ciclo do azoto

Ciclo do oxigénio

Ciclo do fósforo

Ciclo do enxofre

6.3.1. Ciclo do carbono

Um dos ciclos atmosféricos mais importantes é o ciclo do carbono (Figura 2). O ciclo ilustra principalmente como o carbono se move entre o gás atmosférico dióxido de carbono, é assimilado como matéria orgânica através da fotossíntese e depois é libertado de volta para a atmosfera através da respiração. A circulação do carbono no ciclo do carbono pode ser vista na Figura 1. O carbono, como é do conhecimento geral, é um componente crucial de todas as moléculas vivas. O dióxido de carbono (0,03%) e os carbonatos e bicarnonatos (CO_3 -, HCO_3 -) ou o CO2 molecular (aq) encontram-se nas águas superficiais e subterrâneas, respetivamente. Também pode ser encontrado em carbonatos de minerais, principalmente os relacionados com o cálcio e o magnésio. Devido às enormes temperaturas e pressões encontradas muito abaixo da superfície do planeta, o carbono é fixado no carvão, lenhite, petróleo e gás natural. O querogénio hidrocarbonoso, a matéria orgânica fixada como xisto betuminoso, é responsável por uma quantidade significativa do carbono fixado.

Um elemento que não pode ser reduzido a outro ou transformado em algo mais simples é o carbono. Embora a quantidade de carbono na Terra seja fixa, é alterada de uma forma de

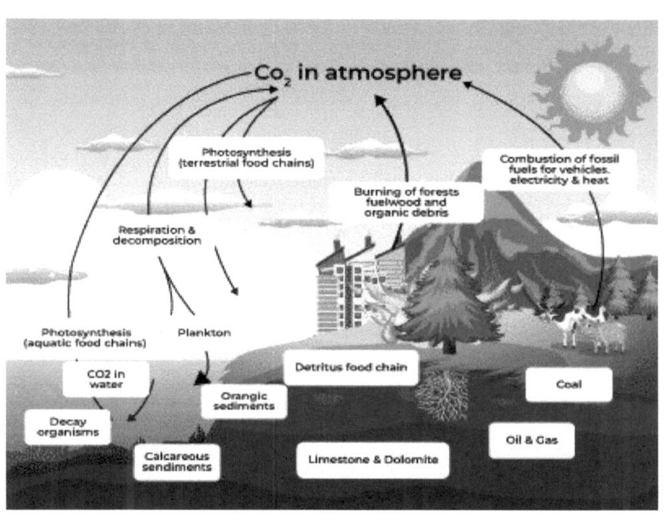

vida para outra devido ao carácter dinâmico do planeta. Existem várias etapas no ciclo do carbono. Começa com os processos biológicos que fixam o carbono através da fotossíntese para absorver a energia solar. Utilizando o dióxido de carbono atmosférico, as plantas fixam o carbono nos seus diversos componentes vegetais. Através da cadeia alimentar, o carbono passa progressivamente para os herbívoros, carnívoros e outras formas de vida. Os animais inspiram oxigénio e exalam dióxido de carbono, que é depois libertado para a atmosfera. Os decompositores, como as bactérias e os fungos, entre outros, libertam dióxido de carbono para o solo quando as plantas e os animais morrem e se decompõem. O ciclo do carbono depende fortemente dos microrganismos porque estes medeiam uma variedade de actividades metabólicas. Eles decompõem e fixam o carbono orgânico, que é depois convertido em combustível fóssil como o carvão, a lenhite, a turfa, o petróleo e outros materiais através de uma variedade de processos bioquímicos. A maioria dos xenobióticos, ou poluentes orgânicos, é decomposta por micróbios, o que devolve o carbono ao solo.

No oceano, o carbono também circula através das algas fotossintéticas, que fixam o dióxido de carbono e produzem biomassa. O ácido carbónico fraco é criado quando o dióxido de carbono atmosférico se dissolve na água. O bicarbonato e os iões de hidrogénio são produzidos quando o ácido carbónico se divide. A argila e outros iões como o sódio, o potássio e o cálcio são produzidos quando os iões de hidrogénio reagem com os minerais e os alteram. O cálcio e os bicarbonatos são precipitados pelos corais, um tipo de criatura marinha, para criar carbonato de cálcio. As reservas de carbonato de cálcio encontram-se nos sedimentos do fundo dos oceanos. As zonas de subducção profundas e as cinturas orogénicas sofrem metamorfose dos carbonatos de cálcio encontrados nos sedimentos. Durante as erupções vulcânicas, são libertadas grandes quantidades de CO_2 dos vulcões de zonas quentes e das cristas médio-oceânicas. A fonte de CO_2 emitida pelo oceano é o carbonato de cálcio metamorfoseado. Mais uma vez, existem três formas de retorno do dióxido de carbono libertado: uma parte dissolve-se na água do oceano, outra fica ligada a rochas carbonatadas e outra fica ligada à biomassa (Figura 3).

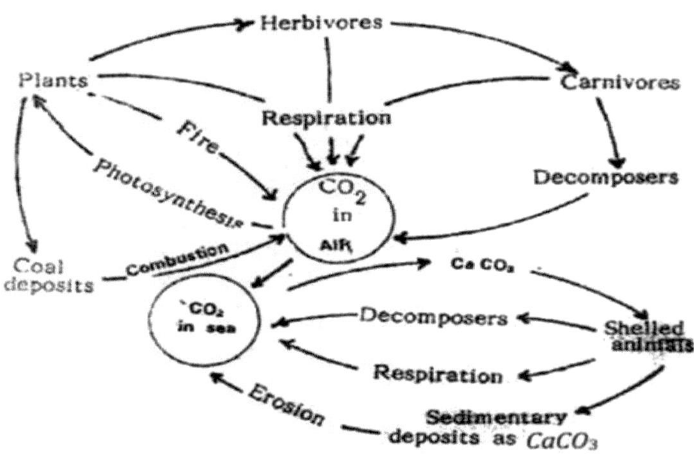

Uma vez que o carbono é a base de toda a vida na Terra, o ciclo do carbono é, por conseguinte, essencial. As suas fontes e sumidouros são numerosos. A taxa de transferência de carbono da fonte para o sumidouro não é constante e varia consoante a fonte. Várias emissões antropogénicas alteram o ciclo do carbono, com efeitos globais. Seguem-se os efeitos provocados pela ação humana.

- A queima de combustíveis fósseis leva à libertação de enormes quantidades de CO_2
- Como já foi referido, as árvores sequestram dióxido de carbono durante a fotossíntese. A desflorestação aumenta o nível de dióxido de carbono no ar. CO_2 ar
- A alteração do nível de CO_2 O nível de água devido às actividades humanas provoca o aumento da temperatura da Terra devido ao efeito de estufa

> O aquecimento global resulta na destruição da Terra devido à subida do nível do mar, inundações, secas, aumento da temperatura e alteração dos padrões climáticos.

6.3.2. Ciclo do oxigénio

Um elemento essencial para o ambiente é o oxigénio. A -183°C, este gás extremamente reativo transforma-se num líquido azul. A figura 4 mostra o ciclo do oxigénio. Este move-se entre a atmosfera e as formas ligadas de oxigénio, como a água, o dióxido de

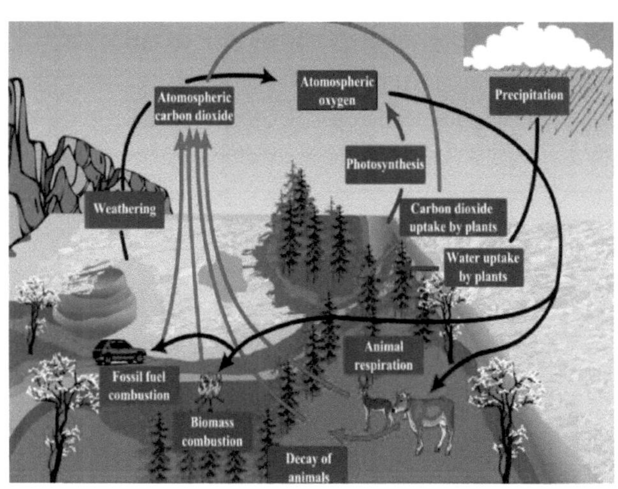

carbono, o monóxido de carbono, o dióxido de enxofre, o dióxido de azoto, a matéria orgânica e os minerais ligados química ou biologicamente. A atmosfera, que contém cerca de 21% de oxigénio, é uma enorme reserva de oxigénio livre. Através do processo de fotossíntese, os seres vivos emitem algum oxigénio livre para a biosfera. A maior parte do oxigénio encontra-se na litosfera sob a forma de óxidos e silicatos, que são formas quimicamente ligadas do elemento. Pensa-se que o oxigénio provém mais da atmosfera do que da camada litosférica.

Através do processo de respiração, os seres vivos absorvem oxigénio da atmosfera. O dióxido de carbono é libertado pela combinação de oxigénio e carbono durante a respiração aeróbica, e as plantas utilizam este gás para a fotossíntese. Durante a fotossíntese, o oxigénio utilizado na respiração é libertado de volta para a atmosfera. Quando os combustíveis fósseis e o metano são queimados, o oxigénio é um componente chave que liberta CO_2, SO_x, e NO_x. O oxigénio também oxida outros minerais e materiais inorgânicos. O oxigénio é necessário para a quebra e decomposição dos resíduos produzidos pelos seres vivos, bem como das substâncias orgânicas mortas. O oxigénio é necessário para as bactérias aeróbias que decompõem os resíduos.

$$C_6H_{12}O_6 + 6O_2 \longrightarrow 6CO_2 + 6H_2O$$

$$CH_4 + 2O_2 \longrightarrow CO_2 + 2H_2O$$

Na água, o oxigénio dissolvido, ou oxigénio no seu estado dissolvido, é o que mantém a vida aquática viva. O oxigénio nas suas formas mistas na litosfera foi libertado em resultado da meteorização química dos minerais. A criação de ozono estratosférico é uma parte crucial do ciclo do oxigénio. Os raios UV decompõem o oxigénio para produzir radicais livres de oxigénio, que depois se misturam com o oxigénio uma vez mais para produzir ozono na estratosfera. A camada de ozono estratosférico protege o globo terrestre dos raios UV nocivos (Figura 5).

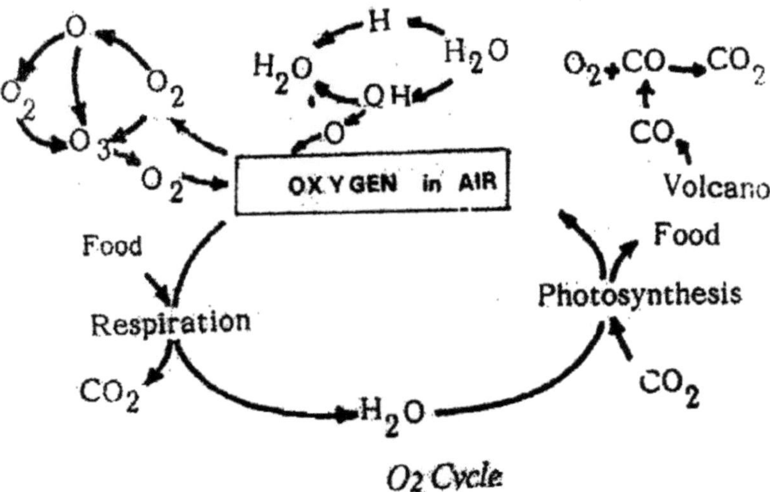

6.3.3. Ciclo do azoto

Um dos ciclos biogeoquímicos mais significativos e vitais no ambiente é o do azoto (Figura 6). É um nutriente essencial para todos os seres vivos e um componente de moléculas orgânicas como as proteínas, os

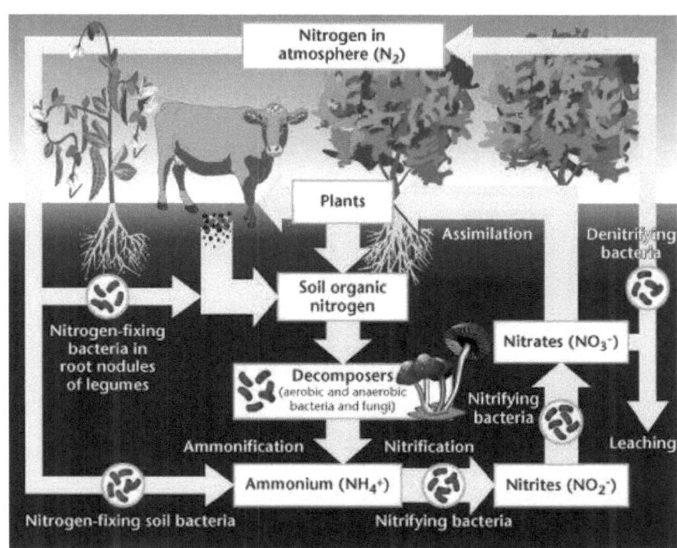

aminoácidos, a clorofila e os ácidos nucleicos. É importante compreender alguns factos básicos sobre o azoto antes de nos debruçarmos sobre as especificidades do ciclo do azoto. A atmosfera contém enormes quantidades de azoto. O azoto (N_2) constitui cerca de 78% do ar. A estreita ligação tripla entre os átomos de azoto na atmosfera torna o azoto inerte e não reativo, pelo que, apesar de constituir 78% da atmosfera, os seres vivos não o podem utilizar. Apesar de estar amplamente presente no ambiente, o gás dinitrogénio não é acessível aos seres vivos. Só está acessível quando o azoto gasoso é transformado em amoníaco. Os segundos maiores reservatórios de azoto são o solo e os oceanos. Os oceanos têm cerca de um milhão de vezes menos azoto do que a atmosfera.

Existem vários estados de oxidação e tipos de azoto, incluindo o orgânico e o inorgânico (nitrato, amoníaco). Como o azoto é uma molécula muito versátil, muda de estado de oxidação em função da utilização que lhe é dada pelo organismo. As transformações são realizadas por microrganismos, particularmente bactérias e fungos, e a fixação do azoto, a nitrificação, a desnitrificação e a amonificação. Figura: Diagrama do ciclo do azoto. A fixação do azoto fornece disponibilidade biológica para o dinitrogénio. Um pequeno número de procariotas é capaz de converter N2 em azoto biológico devido à natureza energética do processo de conversão. No gás dinitrogénio, a ligação tripla deve ser quebrada com cerca de oito electrões e dezasseis ATP. O azoto é também decomposto em azoto biologicamente acessível pelos raios e por alguns processos industriais. Alguns fixadores de azoto são de vida livre, enquanto outros têm relações simbióticas com a sua planta hospedeira, como as cianobactérias em ambientes aquáticos e os rizóbios em plantas leguminosas. A redução de N_2 a NH^3 (amoníaco) é catalisada pela enzima nitrogenase presente nos fixadores de azoto (Figura 7).

$$N_2 + 8H^+ + 8e^- \longrightarrow 2NH_3 + H_2$$

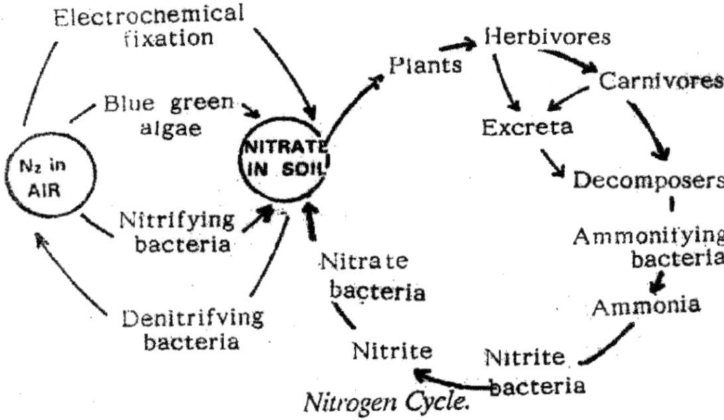

As bactérias nitrificantes utilizam o processo de nitrificação para converter o amoníaco em nitritos e nitratos. A nitrificação envolve duas fases distintas. A nitrificação envolve duas fases distintas. A primeira fase consiste na oxidação do amoníaco em nitritos pelas bactérias oxidantes do amoníaco, utilizando a hidroxilamina como intermediário. A monooxigenase do amoníaco e a oxidoredutase da hidroxilamina são as duas enzimas que as bactérias oxidantes do amoníaco utilizam. Estas bactérias são autotróficas.

$$NH_3 + O_2 + 2e^- \longrightarrow NH_2OH + H_2O$$
$$NH_2OH + H_2O \longrightarrow NO_2 + 5H^+ + 4e^-$$

Um tipo particular de bactéria conhecido como bactéria oxidante de nitritos é responsável pela segunda fase, que é a oxidação do nitrito em nitrato. Entre as bactérias que oxidam o nitrito estão a Nitrospira, a Nitrobacter, a Nitrococcus e a Nitrospina. Como o nitrato é muito solúvel na água, infiltra-se na massa de água.

$$NO_2 + 0.5\,O_2 \longrightarrow NO_3$$

A desnitrificação é o processo que devolve o azoto biológico à atmosfera. Em condições anaeróbicas, as bactérias desnitrificantes convertem o nitrato em dinitrogénio através de uma variedade de moléculas intermédias de azoto, incluindo NO_2 NO, e N_2O.

$$2NO_3 + 10e^- + 12H^+ \longrightarrow N_2 + 6H_2O$$

A desnitrificação é efectuada por bactérias anaeróbias nos solos, sedimentos, lagos e oceanos. Sendo quimioorganotróficas, as bactérias desnitrificantes necessitam de carbono para se desenvolverem. Pseudomonas, Bacillus e Paracoccus são alguns tipos de bactérias que decompõem o azoto.

O azoto é absorvido pelas plantas sob a forma dos iões nitrato (NO_{3-}) e amónio (NH_{4+}) na mistura do solo. Uma vez que o amónio é nocivo em grandes concentrações, as plantas utilizam-no com menos frequência. Através das plantas, o azoto é transferido para os animais e para os níveis tróficos subsequentes da cadeia alimentar. As fezes dos animais, bem como a decomposição e morte de plantas e animais, produzem azoto inorgânico durante o processo de decomposição. A amonificação é o processo pelo qual os actinomicetos e as bactérias são decompositores significativos. As plantas e outros micróbios podem então desenvolver-se com o amónio.

6.3.3.1. Impacto das actividades humanas no ciclo do azoto

1. O N_2O, que é produzido como intermediário durante a desnitrificação, é um gás com efeito de estufa e possui um potencial de aquecimento global superior ao do metano e do dióxido de carbono.

2. O N_2O aquece a atmosfera e conduz à destruição do ozono estratosférico.

3. A combustão do combustível a alta temperatura liberta uma enorme quantidade de NO para a atmosfera, que mais tarde é convertido em NO_2 e HNO_3 na atmosfera. O

HNO_3 atinge a terra sob a forma de chuva ácida e provoca efeitos no ambiente e na saúde.

4. Como já foi referido, o nitrato é facilmente solúvel na água e lixivia-se para as massas de água. A utilização excessiva de nitratos nos adubos pode contaminar as águas subterrâneas e superficiais, o que é prejudicial para a saúde das pessoas, especialmente dos bebés.

5. O escoamento agrícola e a descarga de águas residuais nas massas de água conduzem a problemas de eutrofização.

6. A desflorestação conduz igualmente a alterações no ciclo do azoto.

6.3.4. Ciclo do fósforo

A água, o solo e os sedimentos contêm fósforo, um elemento

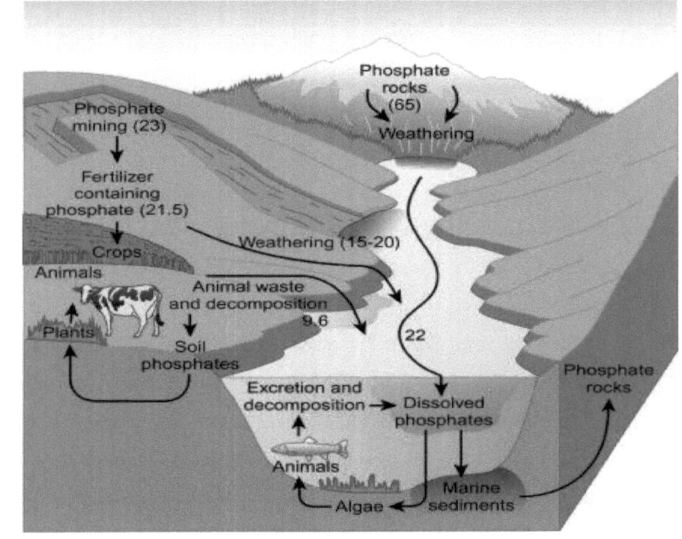

encontrado na Terra. Uma vez que o fósforo está ausente da atmosfera, o ciclo é endogénico, pois não tem uma componente atmosférica (Figura 8). Os fertilizantes fosfatados são aplicados para melhorar o crescimento das plantas, uma vez que existe muito pouco fósforo disponível no solo. O fósforo é obtido pelos seres humanos e animais a partir de plantas e animais que comem plantas.

Tanto as plantas como os animais necessitam de fósforo como nutriente. É um componente essencial do ADN e do protoplasma que desempenha uma função fundamental no crescimento celular e no armazenamento de ATP.

Ciclo do fósforo: o ciclo do fósforo refere-se ao ciclo biogeoquímico do fósforo através de elementos terrestres vivos e não vivos. Os ortofosfatos (PO43-), um nutriente restrito, são frequentemente encontrados na natureza. A sua disponibilidade limitada no ambiente aumenta a importância do ciclo. O fósforo, ao contrário do carbono, é armazenado em rochas onde a deposição tem lugar desde há éons. São descobertos nas rochas em estreita proximidade com os minerais. A principal fonte de fosfato no solo é a hidroxiapatite, um fosfato de cálcio. Os iões de fosfato são libertados no solo e nas massas de água pela meteorização e erosão das rochas ao longo do tempo pelo processo geológico. A maior parte do fósforo é enviada para o oceano, onde se deposita nos sedimentos que se encontram nas profundezas. O fósforo nos sedimentos é levantado pelas criaturas marinhas e reintroduzido no ciclo. Devido à perda de peixes e de outra vida marinha para fins alimentares e industriais, o ciclo do fósforo do mar para a terra é consideravelmente mais lento.

O fósforo é absorvido pelas plantas a partir do solo através da absorção de iões fosfato, sendo depois transferido para outros animais através da cadeia alimentar. Após a ingestão, o fosfato é incorporado no ATP, nos nucleótidos e noutros compostos químicos presentes nos ossos dos animais humanos, nas membranas celulares e nos fosfolípidos. Estes fosfatos são libertados de volta para o ambiente após a decomposição e morte de plantas e animais. O processo conhecido como mineralização é a forma como as bactérias convertem materiais orgânicos em formas inorgânicas de fósforo, dando às plantas acesso às formas orgânicas de fosfato encontradas no solo. O fósforo move-se de forma desigual entre os seres vivos e o seu meio ambiente por uma variedade de causas. O fósforo está preso nos ossos dos seres vivos, nos detritos orgânicos e nas partículas inorgânicas dos sedimentos. As duas principais causas desta situação são (i) o consumo de fósforo nos lagos é significativamente mais rápido do que a sua libertação e (ii) ambos os factores (Figura 9).

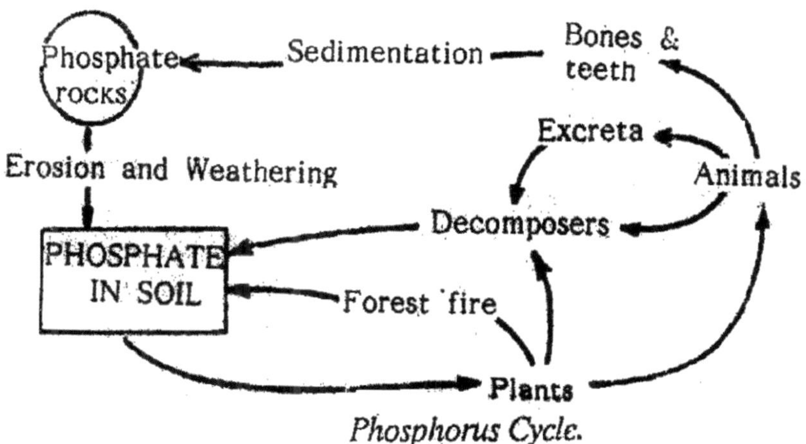

Phosphorus Cycle.

6.3.4.1. Impactos das actividades antropogénicas no ciclo do fósforo

O ciclo do fósforo é o mais lento de todos os ciclos biogeoquímicos. No entanto, as interferências humanas provocam alterações no ciclo.

1. Durante certos períodos, o fósforo disponível no solo fica bloqueado e indisponível para as plantas. Isto resulta na utilização excessiva de fertilizantes, causando a intrusão de fosfato no solo e na água através de infiltração. As plantas podem não ser capazes de utilizar todos os fertilizantes fosfatados fornecidos. O fosfato não utilizado entra nas massas de água através do escoamento agrícola. O fósforo volta a dissolver-se nas lagoas e lagos, dando origem à proliferação de algas e à eutrofização.

2. A extração de apatite (fosfato de cálcio) das rochas fosfáticas para a preparação de adubos e detergentes conduz a uma enorme libertação de fosfato no solo.

3. A desflorestação reduz a disponibilidade de fósforo no solo.

4. A descarga de esgotos e outros efluentes industriais nas massas de água também perturbam o ciclo do fósforo.

6.3.5. Ciclo do enxofre

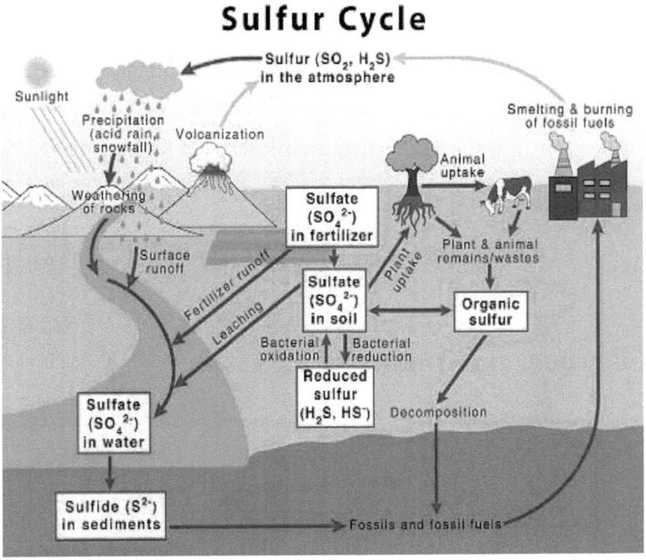

Na crosta terrestre encontra-se o enxofre, um elemento amarelo, inodoro e não metálico. É um componente significativo de proteínas e vitaminas, essencial para o funcionamento de proteínas e enzimas, tanto em plantas como em animais. A crosta terrestre,

os cursos de água e a atmosfera contêm naturalmente enxofre. As duas principais formas de enxofre na crosta terrestre são a pirite (FeS_2PbS e HgS) e o gesso (CaSO_4). O maior recurso de enxofre é encontrado nos oceanos. Os oceanos contêm enxofre elementar, gás sulfídrico dissolvido e cerca de 2,6 g/L de sulfatos. Outra fonte de enxofre é a atmosfera, que inclui gás sulfídrico, sulfato de amónio e partículas de sulfato, e dióxido de enxofre (Figura 10).

O ciclo biogeoquímico do enxofre tem duas partes: a componente atmosférica e a componente terrestre. O ar, a água, o solo e os seres vivos fazem o ciclo do enxofre. O enxofre que foi retido na crosta terrestre é libertado quando as rochas sofrem intempéries. As erupções vulcânicas são outra forma de a crosta terrestre libertar enxofre, para além da meteorização. As erupções vulcânicas emitem dióxido de enxofre e gás sulfídrico para a atmosfera. O enxofre gasoso é libertado pela matéria orgânica em zonas húmidas, planícies de maré, pântanos e turfeiras ($H_2 S$). Os sais de sulfato, especificamente o sulfato de amónio, também são libertados para a atmosfera por tempestades de poeira, incêndios florestais e pulverização marítima. Em resumo, há quatro maneiras pelas quais a poeira do solo, a atividade industrial, as bactérias redutoras de enxofre e a atividade vulcânica podem libertar enxofre para a atmosfera. Outra fonte significativa de enxofre na atmosfera é o oceano. Os pontos de entrada atmosférica para o enxofre são os aerossóis de água do mar, as fontes hidrotermais de águas profundas e o gás sulfídrico dimetil gerado pelas algas marinhas. As gotículas de sulfureto de dimetilo no céu servem como blocos de construção para o vapor de água se condensar em nuvens, o que é uma das principais causas da cobertura de nuvens e das alterações climáticas. Na atmosfera, o sulfureto de dimetilo acaba por se transformar em dióxido de enxofre.

Quando o dióxido de enxofre é exposto ao ar, oxida-se e produz trióxido de enxofre. De forma semelhante, o sulfureto de hidrogénio e o oxigénio misturam-se para gerar dióxido de enxofre e trióxido de enxofre. Os óxidos de enxofre reagem com gotículas de água atmosférica para produzir gotículas de ácido sulfúrico. Os sais de sulfato de amónio são criados quando o ácido sulfúrico e o amoníaco atmosférico se combinam. A deposição ácida de gotículas de ácido sulfúrico e de sais de sulfato de amónio atinge a terra e é perigosa para os seres humanos, animais e plantas. Além disso, provoca a degradação química dos edifícios, a acidificação dos lagos e alterações do pH do solo. Mais uma vez, o enxofre acumula-se nos sedimentos dos lagos, reservatórios e oceanos. O enxofre dá aos sedimentos oceânicos a sua cor preta quando reage com o ferro para gerar sulfureto ferroso.

Como foi estabelecido anteriormente, o enxofre desempenha um papel significativo na formação de proteínas e dos aminoácidos metionina e cisteína. Poucas espécies utilizam os aminoácidos para absorver o enxofre orgânico; a maioria assimila o enxofre sob a forma de iões de sulfato inorgânicos. O enxofre é assimilado pelas plantas e, através da cadeia alimentar, chega aos animais. Quando os organismos morrem e se decompõem, o enxofre é libertado de volta para o ambiente. Tanto na presença como na ausência de oxigénio e de outros aceptores terminais de electrões, as bactérias podem reduzir o enxofre e produzir energia. Os extremófilos conhecidos como bactérias redutoras de enxofre (SRB) são classificados como archea. Encontram-se em fontes termais e fontes hidrotermais. Tanto a redução assimilatória como a dissimilatória do sulfato são possíveis. A via assimilatória reduz o sulfato ($SO_4{}^{2-}$) em grupos orgânicos sulfidrilo (R-SH), enquanto a via dissimilatória dessulfura estes grupos em sulfureto de hidrogénio. Um tipo de SRB que converte o enxofre em sulfureto de hidrogénio é a desulfuromonas. H_2O S (sulfureto de hidrogénio) é oxidado por uma classe única de bactérias denominadas bactérias fotossintéticas de enxofre verdes e púrpuras, bem como por alguns quimiolitotróficos, para formar enxofre elementar (So), um estado de oxidação (Figura 11).

6.3.5.1. Impacto das actividades antropogénicas no ciclo do enxofre

À semelhança de outros ciclos biogeoquímicos, o ciclo do enxofre também é alterado pelas actividades humanas. Algumas delas são mencionadas a seguir.

1. A queima de combustíveis fósseis, como o carvão e o petróleo, resulta na libertação de óxidos de enxofre
2. A refinação de produtos petrolíferos adiciona enxofre à atmosfera.
3. A purificação de minérios metálicos contendo enxofre também liberta dióxido de enxofre para a atmosfera.

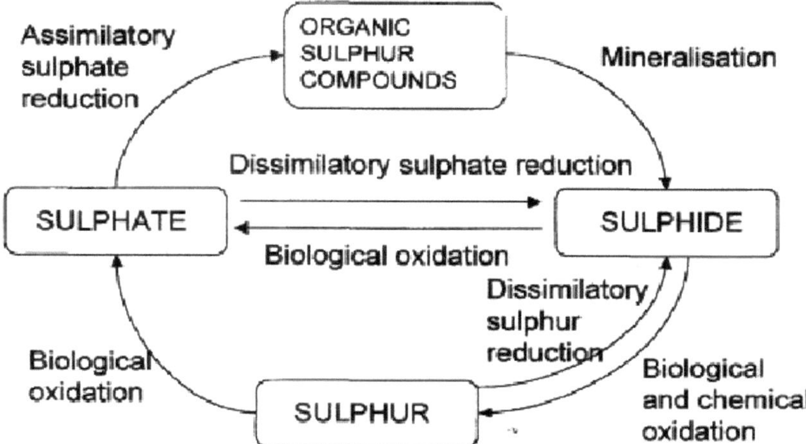

6.4. Importância do ciclo biogeoquímico:

1. Permite a transferência de moléculas de uma localidade para outra.

2. Permite a transformação da matéria de uma forma para outra.

3. Facilita o armazenamento de elementos. Os elementos são armazenados no seu reservatório natural e libertados para os organismos em pequenas quantidades consumíveis.

4. Em caso de desequilíbrio, ajuda o ecossistema a restabelecê-lo. Pode demorar alguns dias ou alguns anos.

5. Estabelece a ligação entre os elementos bióticos e abióticos dos ecossistemas.

Os ciclos biogeoquímicos são por vezes designados por ciclos de nutrientes, porque envolvem a transferência de compostos que fornecem apoio aos organismos vivos. Dois componentes importantes do ciclo são:

1. Reservatório de água - atmosfera ou rochas que armazenam um grande número de nutrientes.

2. Reserva cíclica - armazenamento curto de carbono sob a forma de plantas e animais.

6.4.1. Os elementos transportados pelo ciclo biogeoquímico foram classificados como:

1. Microelementos: Os elementos que são necessários em quantidades mais pequenas são designados por microelementos. Por exemplo, o boro (utilizado principalmente

pelas plantas verdes), o cobre (utilizado por algumas enzimas) e o molibdénio (utilizado pelas bactérias fixadoras de azoto).

2. Macroelementos: Os elementos que são necessários em maiores quantidades são designados por macronutrientes. Por exemplo, o carbono, o hidrogénio, o oxigénio, o azoto, o fósforo e o enxofre.

Referência:

1. Questão ambiental-Capítulo 16. 2022-23, 271-286.

2. Saurabh Singh, Suman Achera, Bhuvneshwar Agnihotri (2018). O papel do engenheiro ambiental na obtenção da sustentabilidade na construção. Jornal de Tecnologias Emergentes e Investigação Inovadora 5: 137-140.

3. Worster, D., "The Two Cultures: Environmental History and the Environmental Sciences", *Environment and History*, 2 (1996) 3-14; Worster, Donald, *The wealth of nature: environmental history and the ecological imagination* (Oxford: Oxford University Press, 1993).

4. Beinard, William & Coates, Peter, *Environment and History: the Taming of Nature in the USA and South Africa* (Londres, 1995), p. 1.

5. Ralf Christopher Buckley (1991). O papel dos cientistas do ambiente. https://doi.org/10.1007/978-3-642-76502-5_10

6. Conceitos, princípios e aplicações ecológicos para a conservação e conservação. Bio Diversidade (2008).

More
Books!

info@omniscriptum.com
www.omniscriptum.com
OMNIScriptum

Printed by Books on Demand GmbH, Norderstedt / Germany